AF591635

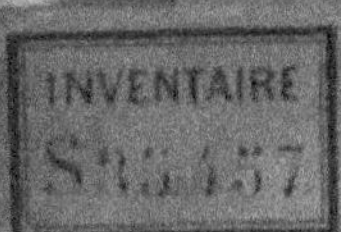

VILLE DE LILLE.

PROGRAMME-CATALOGUE

DE

L'EXPOSITION HORTICOLE

DES 10-15 JUIN 1863.

DÉCISIONS DU JURY.

LILLE,
IMPRIMERIE DE L. DANEL
1863.

VILLE DE LILLE.

PROGRAMME-CATALOGUE

DE

L'EXPOSITION HORTICOLE

des 10-15 juin 1863.

DÉCISIONS DU JURY.

PROGRAMME :

IL SERA DÉCERNÉ :

1° Concours entre les amateurs pour les collections les plus belles, les plus variées et le mieux cultivées, de 50 plantes, dont la moitié, au moins, devra être en fleur ;

Deux médailles vermeil et argent, grand module.

2° Concours entre les horticulteurs marchands pour collections semblables aux précédentes ;

Mêmes médailles.

3° Pour les collections les plus belles et le mieux cultivées, de 20 plantes en fleur, dont 15 au moins d'espèces différentes ;

Deux médailles d'argent, 2.e et 3.e module.

4° Pour une collection de 20 rhododendrum ;

Deux médailles argent, grand module et 2.e module.

5° Pour la collection la plus riche d'azalea-indica en fleur ;

Une médaille en vermeil.

6° Pour les plus belles collections d'azalea indica en fleur, renfermant 30 plantes ;

Deux médailles argent, 1er et 2.e module.

7° Pour les collections les plus remarquables d'erica et epacris en 25 plantes ;

Deux médailles argent, 1.er et 2.e module.

8° Pour les collections les plus riches et les plus variées de 40 pelargonium en fleur ;

Deux médailles argent, 2.e et 3.e module.

9° Pour les plus belles collections de 25 geranium zonale ;

Deux médailles argent, 2.e et 3.e module.

10° Pour les collections les plus belles de 30 rosiers en fleur, cultivés en pots et offrant au moins 15 variétés ;

Deux médailles argent, 2.e et 3.e module.

11° Pour les collections les plus variées et le mieux cultivées de 30 calcéolaires en fleur ;

Deux médailles argent, 2.e et 3.e module.

12° Pour les collections les plus variées et le mieux cultivées de 30 fuchsia en fleur ;

Deux médailles argent, 2.e et 3.e module.

13° Pour les plus belles collections de 30 verbena en fleur ;

Deux médailles argent, 2.e et 3.e module.

14° Pour les collections les plus belles et les plus variées de 30 petunia en fleur ;

Deux médailles argent, 2.e et 3.e module.

15° Pour les collections les plus belles et les plus variées de 25 œillets remontants en fleur ;

Deux médailles argent, 2.e et 3.e module.

16° Pour les collections les plus belles et les plus variées de 30 cinéraires en fleur ;

Deux médailles argent, 2.e et 3.e module.

17° Pour les collections les plus belles et les plus variées de 20 yucca, agave, bonapartea et dracaena ;

Deux médailles argent, grand et 2.e module.

18° Pour le contingent le plus beau et le plus varié de dix plantes ornementales en grands exemplaires ;

Deux médailles argent, grand et 2.e module.

19° Pour la plus belle collection de pivoines arborées en fleurs coupées ;

Une médaille argent.

20° Pour la plus belle collection de pivoines herbacées en fleurs coupées ;

Une médaille argent.

21° Pour la plus belle collection de pensées en pots ;

Une médaille argent.

22° Pour les collections les plus belles et les plus variées de 20 liliacées et plantes bulbeuses en fleurs (lis, glayeuls, iris, fritillaires, amaryllis, pancratium ixia, sparaxis) ;

Deux médailles argent, 2.e et 3.e module.

23° Pour les collections les plus belles et les plus variées de 30 achimenes, gesneria thydea, et genres analogues en fleur ;

Deux médailles argent, 2.e et 3.e module.

24° Pour les collections les plus belles et le mieux cultivées de 25 gloxinia en fleur ;

Deux médailles argent, 1.er et 2.e module.

25° Pour les collections les plus belles et les plus variées de 30 plantes annuelles en fleur, cultivées en pots ;

Deux médailles argent, 2.e et 3.e module.

26° Pour les collections les plus belles et les plus variées de 20 lantana, en fleur ;

Deux médailles argent, 2.e et 3.e module.

27° Pour les collections les plus belles et les plus variées de 30 plantes vivaces en fleur, cultivées en pots ;

Deux médailles argent, 2.e et 3.e module.

28° Pour les collections les plus belles et les plus variées de 20 plantes vivaces à feuilles marbrées, panachées ou striées, cultivées en pots ;

Deux médailles argent, 2.e et 3.e module.

29° Pour la plus riche collection d'auricules (dites oreilles d'ours) anglaises et françaises ;

Deux médailles argent, 2.e et 3.e module.

30° Pour la réunion de 12 plantes remarquables, fleuries ou non fleuries, nouvellement introduites ;

Deux médailles argent, grand module et 2.e module.

31° Pour la plante fleurie qui, parmi les plantes nouvellement introduites, sera jugée réunir le plus de mérite.

Une médaille argent.

32° Pour la plante non fleurie qui, parmi celles nouvellement introduites, sera jugée la plus méritante ;

Une médaille argent.

33° Pour les collections les plus belles et les plus variées de 10 orchidées exotiques en fleur ;

Deux médailles vermeil et argent, grand module.

34° Pour l'orchidée exotique en fleur la plus belle et la mieux cultivée ;

Une médaille vermeil.

35° Pour les plus belles collections de 20 conifères ;

Deux médailles argent, 1.er et 2.e module.

36° Pour les plus belles collections de 15 palmiers ;

Deux médailles vermeil et argent, grand module.

37° Pour les plus belles collections de 25 fougères ;

Deux médailles argent, grand et 2.e module.

38° Pour la plus belle fougère en arbre ;

Une médaille argent, grand module.

39° Pour les collections les plus belles et les plus variées de 30 begonia ;

Trois médailles argent, 1.er, 2.e et 3.e module.

40° Pour les collections d'au moins 15 plantes de serre, à feuilles marbrées, panachées ou striées, d'espèces différentes, remarquables par leur belle culture;

Deux médailles argent, 1.er et 2.e module.

41° Pour les collections de 15 arbustes de pleine terre, à feuilles marbrées, panachées ou striées, d'espèces différentes, remarquables par leur belle culture;

Deux médailles argent, 2.e et 3.e module.

42° Pour les lots les plus beaux d'au moins 6 anæctochiles;

Deux médailles argent, 2.e et 3.e module.

43° Pour les collections les plus belles et les plus variées de 15 aralia;

Deux médailles argent, 2.e et 3.e module.

44° Pour les plus belles collections de 25 caladium présentant au moins 12 variétés;

Deux médailles argent, 2.e et 3.e module.

45° Pour les collections les plus belles et les plus variées de 15 lycopodiacées;

Deux médailles argent, 2.e et 3.e module.

46° Pour les plantes les plus nouvelles en fleur obtenues de semis et jugées dignes d'une distinction particulière;

Quatre médailles, laissées à la disposition du jury; elles ne pourront être décernées à des semis de la même espèce.

47° Pour les collections les plus belles et les plus variées de 12 marantha;

Deux médailles argent, 2.e et 3.e module.

48° Pour les deux plantes en fleur qui, parmi toutes celles exposées, se distingueront le plus par la beauté et la culture;

Deux médailles argent, 1.er et 2.e module.

49° Pour une réunion d'au moins 50 fleurs coupées de tulipes variées;

Une médaille argent.

50° Pour les plus beaux envois de plantes grasses;

Deux médailles argent.

51° Une médaille en vermeil et une en argent, grand module, seront remises aux deux exposants qui, par le nombre et la beauté de leurs plantes, auront contribué le plus à l'embellissement de l'exposition.

52° Pour les plus belles collections de légumes,

Trois médailles vermeil et argent, 2.° et 3.° module.

53° Pour les plus belles collections de fruits conservés ou nouveaux réunissant 20 variétés au moins de poires et de pommes ;

Trois médailles argent, 1er, 2.° et 3.° module.

54° Pour instruments, ustensiles et objets d'art ayant rapport au jardinage, les médailles seront remises à la discrétion du Jury, selon l'importance des objets exposés.

La Commission déléguée pour l'Exposition,

MM. GRODÉE, TRIPIER-JONGLEZ, DUBUS, LEMOINIER,

DOYEN, secrétaire.

DISPOSITIONS RÈGLEMENTAIRES.

ART. 1er.

Les exposants devront, sous peine d'exclusion des concours, remettre au secrétariat de la mairie, le 24 mai, les bordereaux exacts et détaillés de leurs plantes, en désignant les concours auxquels ils veulent prendre part.

ART. 2.

Pour ce qui concerne les concours N.os 30, 31 et 32, les bordereaux indiqueront autant que possible, le lieu de l'origine et la date de l'introduction de chaque plante, ainsi que le nom de l'auteur qui l'a décrite.

ART. 3.

Les plantes devront parvenir au local de l'exposition, à l'entrée du champ de mars, l'avant-veille de l'exposition, avant huit heures du soir.

ART. 4.

Les plantes figurant aux bordereaux pourront seules concourir, une Commission spéciale écartera des collections celles qu'on y aurait jointes contrairement à la présente disposition.

ART. 5.

Toutes les plantes devront être correctement et lisiblement étiquetées par les exposants; les noms de ces derniers ne pourront être inscrits sur les étiquettes ni placés sur les collections avant la décision du jury.

ART. 6.

Les mêmes exposants pourront remporter tous les prix d'un concours.

ART. 7.

Le Conseil d'administration se réservera, si le cas se présente, de mettre pour un ou plusieurs concours, des médailles supplémentaires à la disposition du jury.

Art. 8.

Le jury se réunira le 28 mai, à dix heures du matin.

Il sera composé, autant que possible, d'horticulteurs étrangers à la ville, et prononcera à la majorité absolue.

Art. 9.

Une médaille commémorative des concours sera donnée aux exposants.

Art. 10.

Aucune plante ne pourra être enlevée avant la clôture de l'exposition

LISTE DES EXPOSANTS

ET

CATALOGUE.

Ont pris part à ce Concours, quarante exposants de France et de Belgique, qui ont envoyé les lots dont suit l'énumération.

ALDEBERT, Amand, horticulteur, rue des Postes, à Lille (section de Wazemmes).

(Concours N.os 8, 9, 10, 11, 12, 13, 14, 15, 21, 26, 46.)

40 Pélargonium.

Nestor (Duval).
Cérès (Duval).
Achille (Malet).
Surprise (Malet).
Voltaire (Malet).
M. Lierval (Malet).
Gloire du Petit-Bicêtre (Duval).
Théophraste (Duval).
Mme Alphonze Favre (Duval).
Inimitable (H. Demay).
Murillo (H. Demay).
Souvenir (H. Demay).
Mme Armand Leseble (Duval).
Junon (Malet).
Adanson (Duval).
Archimède (Malet).
Admiration (Miellez).
Coquette Duplessis (Malet).
Endymion (Malet).
Emilie Lebois (Miellez).
Etendard de Flandre (Miellez).
Hébé (***).
Linné (Malet).
L'Albane (Miellez).
Le Cygne (Miellez).
Mme Leroy (Duval).

Mme Reiset (Malet).
Mirabeau (Malet).
Odette (Miellez).
Princesse Clotilde (Duval).
Reine des Vierges (Miellez).
Télémaque (Duval)
Vicomtesse de Belleval (Duval).
Victor-Emmanuel (Duval).
Alma (Duval).
Reine Hortense (Duval).
M. Van Houtte.
Verschaffeltii.
Grande-Duchesse de Bade.
Toilette de Flore.

25 Géranium zonale.

Amelina Grisau (Lemoine).
Eugénie Mézard (Babouillard).
M. Bourcier (Nardy Fr.)
Président Réveil (Nardy Fr.)
Rose Rendatler (Rendatler).
Souvenir de l'Isère (Plaisançon).
Alphonse Karr (Boucharlat).
Henry Beaudot (Babouillard).
Jacob Beck.
Mme Alphonse Dufoy (Nardy Fr.)
Mme Boucharlat (Boucharlat).
Mme Rendatler (Nardy Fr.)
Virgo Maria (Rendatler).
Augustine Nivelet (Nivelet).
Alexandre II (Nardy Fr.)
Beaton Nosegay Stella.
Compactum (Liabaud).
Candidissima (Liabaud).
Daniel Manin (Lemoine).
Eldorado (Chardine).
Emilie Carre (C.)
François Dubois (Vanhoutte).
Frauenlole (H.)
M. H. de Blécourt (Nivelet).
Tintoret (Lebois).
Gloire de Lyon (Liabaud).
L'Albane.
Mme Vaucher.
Saint-Fiacre (Lemoine).
Comtesse de Cambord (Nivelet).

30 Fuchsia.

M. Meet (Cornellissen).
Comet (Branck).
Charles Lambinet (Lemoine).
De Collenaere (Cornellissen).
Georges Hock (Meet).
Joseph Cornelissen (Cornellissen).
Marginata (Branck).
M. Bichler (L'Huill.)
President Porcher (Lemoine).
Président Muller (Cornellissen).
Rillemann (Roll).
Reine Blanche (Banck).
Secrétaire Mottin (Cornellissen).
Terpsichore (Lemoine).
Prince Alfred (Henders).
Fulgens Pyramidalis (Crousse).
Annie (Henders).
Will Pfitzer (Lemoine).
Blanck Prince (Hendersonn).
M. Joly (L'Huill).
Vithe Lady (Hendersonn).
Figaro (Smith).
Eclat (Smith).
Inimitable.

Prince Albert.
Comte de Baulieue.
La Fée du Rhin.
Daniel Lambert.

Plusieurs variétés seront doublées

20 Lantana.

Etoile de Provence (Ferrand).
L'Avenir (Ferrand).
Souvenir de Pékin (Ferrand).
Spectabilis (Nivert).
Adolphe (Boucharlat).
Adrien Sénéclause (B.).
Boule de Neige.
Clara Ferrand.
Flore.
Formosa.
Mme Léon Berniau.
Garibaldi (Ferrand).
Lutea Hermesina.
Lutea rosea.
Victor Lemoine.
William Rolisson.
Mme Thibaut.
Napoléon III.
Ninus.
Semiplena.

Deux collections de Rosiers.

M. Joigneux (Liabaule).
Reine des Violettes (Mille-Malet.
Aricie.
Mlle. Marie Dauvitte.
Duc de Richemont (L.)
Joisy Nannette.
Mistriss Rosenquet.
Edouard Défossé.
Duchesse de Suterland.
Souvenir de la Vesangovert.
Du Roi.
Noisette.
Souvenir de la Malmaison.
Mme Laffay.
Enfant du Mont-Carmel.
Géant des Batailles.
Marquise Boccella.
Reine des Iles Bourbon.
Mousseuse Salet.
Aimée Vibert.
Duchesse de Cambacérès.
Evêque de Meaux (Quétier).
Général Jacqueminot (R.)
Jules Margottin (M.)
Mme Bruny (Avoux et Crozy).
Mme Désiré (Giraud).
Mme Masson (M.
Mme Th. Martel (M.)
M. de Montigny.
Baronne Preuvost.
Lion des Combats.
William Griffith.
Perle des Panachées.
Raphael.
Souvenir de la Reine d'Angleterre
Pie IX.
La Reine.

30 Petunia.

Boule de Neige (Bruant).
Georges Bruant (Bruant).
L'abbé W. Moreau (Bruant).
L'Élégant (Bruant).
Mme Adolphe Audusson (Bruant.)
Mlle Hélène Weddell (Bruant).
M. J. Cor (Bruant).
M. Rendatler (Bruant).
Président Barigo (Bruant).
Neige et Pourpre (Bruant).
Gigantea Plena (Rend.)
Mme Sablieres (Rend.)
Marie Stuart (Rendatler).
Herodote (Rendatler).
Emile Chaté (Rendatler).
Mme Bretagne (Rendatler).
Joinville (Rendatler).
Mme Lemoine (Rendatler).
Molière (Aldebert)
Moïse (Duriez).
Mme Rendatler (Duriez).
Beauté des Massifs (Aldebert).
Délicatissima (Aldebert).
Impératrice Eugénie (Aldebert).
Mlle Anaïs (Duriez).
Baronne de Brigode (Menu).
Ami Pêcheur (Menu).
M. Joseph Fleury (Menu).
Armida (Schole).
Bleu Impérial (Boucharlat).
Elisa Mathieu.

Deux collections de Verbena.

Gloire de Lille (Aldebert).
Deuil d'un ami (Aldebert).
Reine Hortense (Aldebert).
Figaro (Aldebert).
Amazone (Aldebert).
Arthur (Duriez).
Marquise Demari (Duriez).
Comte de Preston (Duriez).
Princesse Mathilde (D.)
Souvenir d'un ami (D.)
Gloire de Magenta (D.)
Admiration (Aldebert)
Triomphe (Aldebert).
Malakoff (Duriez).
Miracle (L.)
M. Delcourt.
Royal Standard (D.)
Paul et Virginie (D.)
Sœur Marie.
Etendard de Flandre (Menu).
Général de Montauban (M.)
Impératrice Eugénie (M.)
Gloire de France (Menu).
M. de Buzonnière (Menu).
Prince Eugène (Menu).
Fulgens pyramidalis (Menu).
Marie Lierval (Menu).
Admiration (Nardy frères).
La Fraîcheur (Nardy F.)
Secrétaire Cuzin (Nardy F.)
Trésor des Massifs (N. F.)
Amarantina (Ruitton).
Gloire de Cuire (Ruitton).
Madame Bernard (Ruitton).
Madame Alphonse Dufoy (Ruitton).
Madame Lanseseur (Ruitton).

Madame Montigny (Ruitton).
Monsieur Bruant (Ruitton).
Monsieur Ruitton (Ruitton).
Pompoléum (Ruitton).
La Fiancée (Bouch.)
Ninon (Bouch.)
Henriette (Winrick).
Madame Duval (Duval).
Turenne (Duval).
Raphaël (W. Bull).
The Palage (W. Bull).
Hackeray (W. Bull).
Decorator (W. Bull).
Cheerful (W. Bull).
Liveliness (W. Bull).
Unique (W. Bull).
Queen of Prussia (W. Bull).
Carolina Cavagnini.
Emilia Cavagnini.
Excellente (Dufoy).
La Géante (Dufoy).
Louis Bugnet (Gonod).
Reine des Violettes (Boucharlat).
René (Denis).
Souvenir de Ballant (Poizeau).

30 Calcéolaires.

Coccinea floribunda.
Yellow Gem.
Yellow Prince of Orange.
Norma.
Princesse Royale.
Omer-Pacha.
Sultan.
Superbe.
Général Pélissier.
Gloire de Bethel.

Plusieurs variétés de semis herbacées.

Pensées.

Jeanne d'Albert (Aldebert).
Marguerite de Navarre (Aldebert).
Calypso (Aldebert).
Atropos (Aldebert).
Uranie (L.).
Triomphe de Pau (Aldebert).
Sidonie Aldebert (Aldebert).
Octavie (D.).
La Renommée (Aldebert).
Marginata (Aldebert).
Aspasie (Aldebert).
Cléopatre (Aldebert).
Reine Pomaré (D.).
La Belle Gabrielle (Aldebert).
Reine de Saba (D.).
Admiration (M.)
Comtesse de la Motte (Aldebert).
Jeanne-d'Arc (Aldebert).
Mme Mézart (Aldebert)
Beauté du Village (Aldebert).
Noemie Demay (Miellez).
Solferino (Miellez).
La reine Blanche.
Surprise.

25 variétés de gains obtenus en 1863.

Œillets remontants.

Dame Blanche.
Cygne de Cambrai.
La Gracieuse.
La Reine Hortense.
Mme Alibert.
Mignonnette.
Reine des Fleurs.
Souvenir d'un Ami.
Triomphe.
Charles.
Esmeralda.
Maréchal Randon.
Alphonse Karr.
Madame Alegatière.
Souvenir de la Malmaison.
Gloire de Permilleux (nouveau).

Plusieurs Pelargonium de semis 1863.

Coléus Verschaffeltti.
Wigandia Caracassana.

Quelques autres plantes ornementales.

AMÉDÉE, jardinier chez M. WALLAERT, à Lille.

(Concours N° 11.)

Collection de Calcéolaires.

PH. DE BUCK, Gand (Belgique).

(Concours N° 42.)

Collection d'Anœctochiles.

(Hors concours.)

Collection de Begonia nouveaux.

CALOT, horticulteur, à Douai.

(Concours N° 20.)

Collection de Pivoines herbacées.

Alexis DALLIÈRE, horticulteur à Gand (Belgique).

(Concours N° 32.)

Chamæranthemum verbenaceum du Brésil, introduite en 1863.

(Hors concours.)

Collection de Geranium zonale.

Alba marginata.
Cloth of Gold.
Dandy.
Flower of Spring.
Golden admiration.
Grandiflora citriodora.
Glowworm.
Lady Plymouth.
Lady Cettenham.
Manglesii.
Mrs Pollock.
Oxalidiflora purpurea.
Oriana.
Sunset.
Silver queen.
The countess.
The fairy.
The queen favorite.
Yellow belt.

Collection de plantes nouvelles du Japon.

Aucuba hymalasia.
» bicolor.
» japonica.
» picta fœmina.
Acer polymorphum, diss. fol. ros. var.
Aralia Sieboldii fol. var.
Bambusa Fortuneii fol. var.
Evonymus japonica fol. striat.
» » aurea varieg.
» » latifolia alba varieg.
» » radicans fol. ros. varieg.
Evonymus radicans argent. varieg.
Eurya latifolia varieg.
Farfugium species nova japonica.
Hedera rhombea fol. varieg.
Kerria Japonica fol. arg. var.
Lonicera brachypoda fol. aur. varieg.
Reineckea carnea fol. var.
Serissa fætida fol. arg. margin.
Sedum Sieboldi fol. medio-pict.
Thuyopsis dolobrata fol. arg. varieg.

Araucaria imbricata.

DELERUE, à Ascq (Nord).

(Concours N° 18.51.)

Collection de plantes ornementales grand modèle.

Agave americana fol. var.
Pandanus utilis.
» javanicus fol var.
» gramini.
Freycinetia pyramidalis.
Deux Carludovica palmata.
Deux Curculigo reticulata.
Deux Strelitzia reginæ.
Heliconia speciosa.
Dracœna rubra.
» cernua.
Deux Maranta floribunda.
Maranta longifolia rubra.
» atro sanguinea.

DELOBEL-DUPONT, horticulteur à Loos (Nord).

(Concours N.os 2, 8, 9, 12, 13, 14, 17, 21, 28, 33, 37, 39, 40, 41, 48, 51.)

Concours N.° 2.

Cineraria maritima.
Celinium decipiens.
Calceolaria. Beauté de Versailles.
Lantana Virgile.
Alonzo Warscewigzii.
Syphocampsilos bicolor.
Diplacus californicus.
Gazania splendens.
Spirea venusta.
Pelargonium zonale tinctoré.
Franciscea Hopcart.
Fuchsia Daniel Lambert.
Delphinium formosum.
Chrysanthemum regalium aureum.
Nierembergia Philicolis.
Lotus Jacobeus.
Véronique Gloire de Lyon.
Thalictrum.
Dracœna Terminalis.
Oxalis alba.
Petunia triomphant.
Heliotrope Étoile de Marseille.
Kalmia latifolia.
Metrosideros semperflorens.
Cuphea splendens.
Crassula Phœnix.
Begonia semperflorens.
Tremandra verticata.
Rosier mousseux.
Souvenir de la Malmaison.
Clematis grandiflora.
Furfugium grande.
Alsophilla australis.
Begonia M.me d'Aremberg.
Pelargonium quadricolor.
» général Cavaignac.
» Géant défiance.
» Henri de Beaudot.

Pelargonium Tom-Pouce.
» Comte de Paris.
Lonicera brachipoda.
Mimulus cupressus.
Achimenes cupressus.
Calladium Houlettii.
Calladium argyrites.
Arundo donax phragmites fol. v.
Pelargonium James Odier.
» Louise Miellez.
Coleus Verschaffeltii.
Hortensia japonica var.

Concours N.º 8.

Pelargonium.

Inimitable (Demay).
Magenta.
Belzebuth.
Constellation (D.)
M.me de Contencin (D.).
Eugénie Delobel (D.).
Théophraste Duval.
M. Alphonse Favre.
Beauty.
Auguste Delobel (D.).
Regina-Cœli.
Napoléon III.
Bijou.
Virginienne.
Distinction.
Hortense Delobel (D.).
Comte de Morny.
M.me Heine.
M.me Lemichez.
L'Avenir.
Nestor (D.).
Henri Honoré (D.).
M. Lierval.
James Odier.
Paul et Virginie.
Triomphe d'Esquermes.
Gloire du petit Bicêtre.
Linné
Alfred Dufoy.
Ventenat.
La Fée.
Achille Malet.
Surprise Malet.
Atro violaceum (D.).
Murillo.
Princesse Mathilde.
Joséphine de Barend.
M. Oscar Lefebvre.
Roi des Feux.
M.me Lemoine.
M.me Place.
Docteur Andray.
Le Cygne.
Fénélon (D).
Toilette de Vénus.
Vicomte Armand Dutertre.
Graciosa (D).
Edmond Boissies.
Jenny Lind.
Mr Guidou.
Adèle Odier.
Gloire de Belleville.

Concours N° 9.

Geranium zonale.

Gaetana.
Quadricolor.
Pr. Alice.
Mme Marceau.
Mlle Marthe Vincent.
Hortensia flora.
Eugénie Mezard.
Stella nosegay.
Imperial nosegay.
Marginata.
Scarlet Glob.
Lucien Tisserand.
Mrs Pollock.
Aurora.
Mme Rainaut.
Princ. of. Prussia.
Impératrice Eugénie.
Maria Drouart.
Golden Flice.
Surpasse Beauté du Parterre.
Roberston Wolfried.
Secrétaire Rouillart.
Cerise unique.
Mr Coursier.
Tintoret.
Cerise unique (fol. var.)
François Debois.
Master Piece.
L'Albane.
Mer polaire.
Carlo Dolci.
Henri de Beaudot.
Galantiflora.
Comte de Paris.
Mme Vaucher.
Alfred Dufoy.
Paquetta.
Général Cavaignac.
Mme Boucharlat.
Amelina Griseau.

Concours N° 12.

Fuchsia.

Crinoline.
La Fée du Rhin.
Comtesse de Morny.
Diadême.
Preston's Eclips.
Figaro.
Daniel Lambert.
Marq. de Bristol.
Solferino.
Galantiflora plena.
Elegantissima plena.
British queen.
Queen favorite.
Edmond Scalbert.
Fénélon.
Coleu Boan.
One in the ring.
Longiflora.
Comte de Beaulieu.
Carlo Dolci.

Elisabeth.
William Pfitzer.
Garibaldi.
Splendeur.
Mme Cornelissen.
Tricolor.
Microphylla.
Star of the night.
Gloire de Ledeberg.
François Arago.
Virgo Maria.

Concours N° 13.

Verveines.

Impératrice Eugenie.
Auricule (Honoré).
Clotilde (H.).
Henri (H.)
Gloire d'Esquermes (H.)
Morning Star.
Lucifer.
Fanny Esler.
Comte de Morny.
Rubra cærulea.
Quentin Durwart.
Marquis d'Havrincourt.
Géant des Batailles.
Géant Defiance.
Gracilis.
Grandi flora perfecta.
Mahonetti rubra.
Cærulea alba.
Sophie Suin.
Rosea grandiflora.
Reine Blanche.
Miniature.
Bijou.

Concours N° 14.

Petunia.

Comte de Beauveau.
Picturatum.
Mutabilis.
Striata violacea.
Marginata.
Prince Impérial.
Inimitabilis perfectà.
» rubra.
» grandiflora.
Delicatissima.
Atro violaceum.
Comtesse de Morny.
Mme Joseph Cort.
Charles-Albert.
Estelle.
Fra-Diavolo.
Comte de Gomer.
Elisa Mathieu.
Formosissima.
Doct. Marjolin.
Comtesse de Bimart.
Nobilissima.
Georges Bruant.
Mad. Adel Andusson.
Neige et Pourpre.
Gigantea plena.

Doct. Demange.
Mme de la Sablière.
Mlle. Hellen Wedel.
Boule de neige.
Maculata.
Cardinal Antonelli.
Distinction.
Hermann Stanger.
Fascination.
Léon Roussel.
Bleu impérial.
Impératrice.
Châteaubriand.
Émilie Lalve.
Rose Rendatler.

Concours N° 17.

Yucca, Agave, etc., et Dracæna, etc., etc.

Dracæna australis.
» rubra.
» gracilis.
» versicolor.
» paniculata.
» maculata
» paniculata.
Bonapartea gracilis.
Dracæna brasiliensis.
Pincenectitia tuberculata.
» glauca.
Dracœno indivisa.
Yucca quadricolor.
Yucca glauca.
» aloefolia.
» aloefolia, var.
» pendula.
» Giesbreghtii.
» canaliculata.
» filamentosa.
» flaccida.
» gloriosa.
» longifolia.
» recurva.
» Parmentierii.
Bonapartea Junceo.

Concours N° 21.

Pensées de semis.

Concours N° 28.

Plantes vivaces, feuilles panachées.

Symphitum Officinum elegantissimum.
Melissa fl. var.
Epilobium hirsutum.
Lamium maculatum.
Polemonium Ceruleum var.
Scrofularia Mellofera fol. var.
Arundo mauritanica fol. var.
Hemerocalis fol. var.
Lamium album.
Ægopodium fl. var.
Bellis perennis fl. var.

Dactylis Glomerata.
Tussilago farfara.
Hemerocalis flava.
Farfugium grande.
Vinca major fol. var.
Ajuga reptans.
Arundo donax versicolor.
Hydrangea Japonica var.
Veronica violacea var.
Arundo phragmites var.
Funkia Virigis marginata.
Phlomis Italica.

Concours N° 35.

Conifères.

Araucaria excelsa.
» Cuninghami.
» imbricata.
» brasiliensis.
Pinus magnifica.
Thuya Doniana.
» aurea.
» aspleni folia.
Pinus pyrenaica.
» austriaca.
Cedrus Deodora pendula.
» Libani.
Dacridium Franklini.
Pinus pungens.
Chamæryparis ericoïdes.
Larix pendula.
Abies pensapo.
Wellingtonia gigantea.
Cupressus thuyoides.
Thuya orientalis.

Concours N° 37.

Fougères.

Alsophilla australis.
Pteris argirea.
» tricolor.
» arguta.
Blechnum Corcovadensis.
Patte de lièvre.
Arthyrium fulva mas Cristatum.
» purpurea.
Adiatum capillus Veneris.
Aspidium proliferum.
Osmunda regalis.
Pteris cretica fol. alb. var.
Arthyrium felix femina.
» crispum.
» multiceps.
Onychium japonicum.
Nephrolepis ondulata.
Pteris scaberula.
Lastrea incisa.
» cristata.
Blechnum occidentale.
» lanceolata.
Polypodium Dryopteris.
» Viterbiensis.
Struptiopteris Germanica.
Platipodium oppositifolia.
Aspidium petipteris
» fragile.
Dryopteris gracilis.

Concours N° 39.

Begonia.

Mme Bernard-Léon.
Professeur Lemaire.
Elise Thomat.
Mme Stuart Low.
Quadricolor.
Dedalea.
Helena Huder.
Bernard Ebervein.
Charles Enke.
Duc d'Aremberg.
Mme Thibaut.
Rex Leopardii.
Docteur Regel.
Rey Fernando.
Marquis de Saint-Innocent.
Charles Leviens.
Watter Butt.
Juan da Silva Carvallo.
Victor Lemoine.
Edwart Ortgies.
L. Martteh.
Marquis Jules d'alla rosa.
Bijou de Gand.
Secrétaire Kegeljan.
Charles de Buker.
Paul Olleick.
Francesco Curaitii.
Céleste Windum.
Princesse Octavie.
Mine d'argent.
Léopold Ier.
Manoel da Silva.
Prince de Triggiano.
Rex.
Arthur de Smet.
Palmata.
Imperialis.

(Concours N° 40.)

Plantes panachées.

Cyperus alternifolius varieg.
Croton pictum.
Caladium pictum.
Lonicera brachipoda.
Pandanus javanicus.
Maranta zebrina.
» eximia.
» fasciata.
» pumila.
» rosea lineata.
» porteana.
Sempervivum fol. Var.
Musa zebrina.
Mioporum cristallium.
Hoya variegata.
Caladium Chantinii.
Dracæna discolor.
» maculata Sieboldii.
Aspidistra elatior, var.
Gnaphalium lanatum.
Gloxinia Gretry.
Dahlia Var.

Yucca quadricolor.
Farfugium grande.
Pelargonium quadricolor.
Ageratum cœruleum, var.
Petunia fol. var.
Veronica fol. var.
Fuchsia fol. var.
Coronilla, fol. var.
Pittosporum, fol. var.
Solanum, fol. var.
Clianthus aurifera.

(Concours N° 11.)

Arbustes panachés et autres.

Betula pendula.
» laciniata.
Fagus purpurea major.
Juglans regia laciniata.
Ulmus pendula.
Syringa laciniata.
» pendula.
Corylus purpureus.
Æsculus laciniata.
» rubicunda disecta.
» heterophlla disecta
Tamarix africana.
Evonymus variegata.
Malus, fol. var.
Pyrus, fol var.
Hybiscus, fol. var.
Laurus nobilis, fol. var.
» Tinus, fol. maculatis.
Acer atropurpureum.
Sorbus pendula.
Tillia pendula.
Kalreuteria paniculata.
Syringa, fol. var.
Ulmus, fol. macul.
Evonymus pendula.
Æsculus, fol. var.
Aucuba.
Evonymus argenteus.
Sambucus laciniata.
» foliis aureis.
Ilex var.
Rhododendrum eleganter, var.
» Aucubæfolia.
Populus, var.
Pittosporum, var.
Fraxinus, fol. var.
Ulmus, fol. aureis.
» argenteus.
Acer negundo, var.
Châtaignier d'Amérique, fol. var.
Acer platanoides, fol. var.
Carpinus, fol. var.
Cornouiller, femelle, var.
Alnus imperialis laciniata.
Fagus asplenifolius.
Alaterne à feuilles var.
Platanus fol. var.
Mahoma japonica.
Leicesteria var.
Ruscus racemosus.
Maclura var.
Rubus laciniata.
Evonymus Linifolia pendula.

(Concours.)

Plantes ornementales.

Ficus elastica.
Pandanus utilis.
» javanicus var.
» gramminifolius.
» elegantissimus.
Panicum sulcatum.
Aphelandra Leopoldii.
» Porteana.
Tradescantia discolor lineata.
Dion edule.
Dracæna versicolor.
Gesneria zebrina.
Jacaranda mimosæfolia.
Croton variegatus.
Coleus Verschaffeltii.

(Concours N° 9.)

Pélargonium zonale, feuilles panachées.

Quadricolor.
Mistress Pollock.
Reine d'or.
Beaton Silver.
Fary nymphe.
Glow Worm.
Cerise unique (var.)
Impératrice Eugénie.
L'Avenir.
Prince Eugène.
Cuprea var.
Elegans.
Jeanne d'Arc.
Ochroleuca.
Arlequin.
Aucubæfolia.
Curiosity.
Nil desperandum.
Paul et Virginie.
Laciniata.
Sainte-Claire.
Countess of Warvick.
Golden chain.
Pichiratum.

J.-B. DUBUS; à Lille.

(Concours 21, 37, 42, 43, 48.)

Collection de Pensées.

FOUGERES.

1 Polystichum angulari subveritum.
2 Aspidium oreopteris.
3 Alsophila australis.

4 Adianthum pedatum.
5 Gleichenia dicarpa.
6 Polystichum Aupelare hirsutum
7 Toodia pellucida.
8 Cyathea dealbata.
9 Cœnopteris bulbifera.
10 Aspidium proliferum.
11 Davallia canariensis.
12 Adiantum dentatum.
13 Polypodium appendiculatum.
14 Lastrœa cristata.
15 Anthyrium filex multifidum.
16 Cibotium princeps.
17 Nephrodium ottonis.
18 Polypodium aureum.
19 Darrœa diversifolia.
20 Nephrodium corymbiferum.
21 Cænopteris vivipare.
22 Pteris scaberula.
23 » argyrea.
24 Asplenium Bellangerii.
25 Pteris argentea longifolia.

ANÆCTOCHILUS.

1 Anæctochilus Lowi.
3 » Mocodes Patole.
4 » Setaceus aureus.
4 Anæctochilus Xantophyllus.
5 » Lobbii.
6 » Roburghi.

LYCOPODYUM.

1 Lycopodium Cordifolium.
2 » microphyllum.
3 » erythropus.
4 » cœsia arborescens.
5 » Wallichii.
6 » atrovirens.
7 » cirmalis.
8 » erythropus.
9 Lycopodium Schotti.
10 » stoloniferum.
11 » Dichroum.
12 » Warscewiezii.
13 » Lyallii.
14 » apodum.
15 » Louisiana.

RHODODENDRON FLEUR DE MARIE.

Hors concours

1 Pincenectitia glaucæ.
2 Agave filifera.
3 Bonapartea gracilis.
4 Pandanus elegantis simus.
5 Anana species fol. eleg. varieg.
6 Tussilago farfara.
7 Nitraria coccinea.
8 Sanseverviera javanica.
9 Tillansia vittata.
10 Tillandsia zebrina.
11 Drymia lancifolia.
12 Lhyncosea albo-nitens.
13 Goodyera pubescens.
14 Geissomeria marmorea.
15 Lonicera brachypoda.

16 Mihania speciosa.
17 Hedera maculata.
18 » marmorata.
19 Clivia cyrthantiflora.
20 Sempervivum Doncklearii.
21 Myossorum cristalinum.
25 Coleus Verschaffeltii.
26 Dracæna ferrea.
27 Richardi alba maculea.
28 Kerria japonica fol. arg. var.
29 Euphorbia dulcis fol. var.
30 Pimelea elegans.
31 Gesneria Doncklearii.
32 Bonapartea juncea.
33 Caladium Devosianum.
34 » Cannaertii.
35 » rubrum.
36 » argyrites.
38 » albo punctatissimum
39 » amabile.
40 » pictum.
41 » regale.
42 » Troubetzkoy.
43 » Neumannii.
44 » marmoratum.
45 » Chantinii.
46 » hæmatostigmum.
47 » argyrospilum.
48 Pelargonium zonale Mrs Pollock.
49 » » Golden vase.
50 » » Silver queen.
51 » » Tintoret.
52 Pelargonium zonale quadricolor.
53 » » flower of spring.
54 » » bijou.
55 » » Manglesii.
56 » » Glowworm.
57 » » cherfulness.
58 » » Julia.
59 » » Shoteshum pet.
60 » » flover of the day.
61 » » Mary Ellen.
62 » » reine d'or.
63 » » Lady Plymouth.
64 » » Alma.
65 » » Louis Lebois.
66 » » Lion.
67 » » galanthiflorum.
68 Yucca Parmentierii.
69 » bicolor.
70 » aloefolia.
71 » gloriosa.
72 » hechtia species.
73 Pourretia mexicana.
74 Tradescantia discolor lineata.
75 » variegata.
76 »
77 Phrynium discolor.
78 Rhodendron Fleur-de-Marie.
79 » blatteum.
80 » Ion Stern.

DUPONT, Maire, à La Madeleine Lez-Lille.

(Concours Nos 50—51.)

Plantes grasses.

Le Dr FAUCHER, Directeur de la Colonie agricole de Guermanez (Nord).

(Concours N° 32).

Produits maraichers.

FOULON, à Lambres (Nord.)

(Concours N° 35.)

Collections de Conifères.

1 Araucaria excelsa
2 » imbricata.
3 » Coockii.
4 » Cunninghami.
5 » Bildveilii.
6 » brasiliensis.
7 Cephalotaxus Fortunei mascula
8 » » fæmina.
9 Taxus pyramidalis.
10 Cephalotaxus adpressa.
11 Thuyopsis borealis.
12 Taxus fol. aureis.
13 Thuya orientalis fol. var.
14 » gigantea.
15 Cupressus Lauwsoniana.
16 Retinospora ericoïdes.
17 Thuya warreana.
18 Abies appollinis.
19 » pumila nigra.
20 » cilicica.

1 Cupressus funebris.
2 Pinus monspeliensis.
3 Thuya pendula.
4 Cryptomeria Lobbii.
5 Juniperus procumbens.
6 Podocarpus coriaceus.
7 Cedrus deodora viridis.
8 Taxus Dorassonii.
9 Cedrus deodora.
10 Cupressus Tournefortii.
11 Juniperus tamariscifolia.
12 Abies pindrow.
13 » pinsapo.
14 Thuya macrocarpa.
15 » aurea.
16 Cupressus thuyoïdes fol. vol.
17 Cœphalotaxus drupacea.
18 Abies Witmaniana.
19 Thuya canadensis.
20 Taxus Devastonii.

1 Abies brunoniana.
2 Biota nepalensis.
3 Cupressus macrocarpa.
4 » goveniana.
5 Abies dumosa.
6 Thuya compacta.
7 Pinus puniceus.
8 Juniperus dumosa.
9 Pinus ponderosa.
10 Thuya glauca.
11 Salisburia adiantifolia.
12 Juniperus japonica.
13 » sinensis.
14 Cupressus sempervirens.
15 Thuya Warreana.
16 Pinus caroliniana.
17 Sequoia gigantea.
18 Cryptomeria japonica.
19 Abies Nordmanniana.
20 Taxodium Horsfeldi.

Un Vase de jardin en fonte.

Joseph LANDRY, Horticulteur, rue de la Croix, 26, Passy, près Paris.

(Concours N° 48.)

Bonapartea gracilis. Agave applanata.

Mme LEMOINIER, à Lille.

(Concours N° 1, 6, 25.)

Concours N° 1.

1 Araucaria Cuninghami.
2 » »
3 Aspidistra.
4 Dracœna indivisa.
5 » banksanoïdes.
6 Polygala coronata.
7 Fuschia mycrophila.
8 Centaurea argentea.
9 Mimulus.
10 Begonia egrostygma.
11 Hortensia.
12 Canna.
13 Fougère pteris argyrœa.
14 Oranger.
15 Nerium.
16 Arum.
17 Héliotrope.
18 Gardenia.
19 Jasmin triumphans.

20 Gloxinia cerulea.
21 Pelargonium.
22 Petunia.
23 id.
24 Verbena.
25 Diosma capillata.
26 Calceolaire.
27 Erica persoluta alba.
28 Caladium Wightii.
29 id. marmoratum.
30 id. discolor.
31 Lycopodium.
32 Clivia nobilis.
33 Fuschia Darck.
34 Erythrina crista galli.
35 Rhododendrum fastuosum flore pleno.
36 Aralia quinquefolia.
37 Azalea indica.
38 Fuschia.
39 Rhododendrum amœnum.
40 Saxifraga fragrantissima.
41 Réséda.
42 id.
43 Paquerette.
44 Paquerette.
45 Plumbago.
46 Hibiscus.
47 Fusain.
48 Schyzanthus retusus.
49 Pelargonium.
50 Delphinium.

Concours N° 6.

1 Stanleyana.
2 Lateretia alba.
3 Ardens.
4 Prince Albert.
5 id. id.
6 Eulalie Van Geert.
7 id. id.
8 Modèle.
9 Rosea elegans.
10 Belle Jeannette.
11 Semi duplex maculata.
12 Comte de Hainaut.
13 Maculata punctata.
14 Violacea flore pleno.
15 Gloire de Ledeberg.
16 Etendard de Flandre.
17 Reine des Belges.
18 id. id.
19 Gloire de Belgique rosea.
20 Egerstonia.
21 Roi Léopold.
22 Rosalia.
23 id.
24 La Géante.
25 Vesuvius.
26 Papillonatima.
27 Troteriana.
28 id.
29 Rubens.
30 Princesse royale.

Concours N° 25.

30 Achiménès, gesneria, tydea

A.[ie] LEMOINIER, à Lille.

(Concours N°s 1, 3, 5, 8, 9, 11, 13, 14, 16, 21, 23, 25, 39, 41, 46, 48, 51, 52.)

(Concours N° 1.)

1 Aspidistra.
2 Coleus Verschaffeltii.
3 Araucaria excelsa.
4 » Cuninghami.
5 » varietas.
6 Dracæna indivisa.
7 » »
8 » Australis.
9 Canna Aunei.
10 » discolor.
11 Bonapartea gracilis.
12 Boronia viminea major.
13 Hibbertia Reidii.
14 Begonia présid. Van den Hecke.
15 » secrétaire Begeljan.
17 Fougère erecta.
17 » pteris argyræa.
18 Vigne folia variegata.
19 Oranger.
20 Centaurea argentea.
21 Pittosporum.
22 Héliotrope.
23 Hortensia.
24 Rhododendrum fastuosum flore pleno.
25 Erica persoluta alba.
26 Gloxinia duc de Brabant.
27 » Sophie Lemoinier.
28 Pelargonium le Cygne.
29 Géranium Mme Pollock.
30 Farfugium.
31 Hibiscus.
32 Sollya salicifolia.
33 Allamanda neriifolia.
34 Pétunia.
35 Lilium Brownii.
36 Verbena.
37 Rhododendrum macrophylum.
38 Caladium marmoratum.
39 » Wightii.
40 Clivia nobilis.
41 Cuphea.
42 Azaléa ponticum.
43 Fuschia Darck.
44 Azalea indica prince Albert.
45 Kalmia latifolia.
46 Erythrina crista galli.
47 Réséda.
48 Paquerette.
49 Lycopodium.
50 Delphinium grandiflorum.

Concours N° 5.

1 Oranger.
2 Abrotamnus.
3 Pélargonium.
4 Fuschia Darck.
5 Héliotrope.
6 Calcéolaire.
7 Crinum virgineum.
8 Azalea indica Adelia.
9 Diosma.
10 Erythrina crista galli.
11 Rhododendrum pardoloton.
12 Réséda.
13 Delphinium formosum.
14 Hortensia.
15 Datura Varsevicsi.
16 Schyzanthus retusus.

17 Nerium album.
18 Paquerette.
19 Begonia.
20 Saxifraga fragrantissima.

Concours N° 5.

1 Don Carlo.
2 Duchesse Adelaïde de Nassau.
3 Comtesse Adelaïde de Nassau.
4 Violacea flore pleno.
5 Sophie Vervaene.
6 Modèle.
7 »
8 Etendard de Flandre.
9 Stanleyana.
10 Brillant.
11 Rubens.
12 Prince Albert.
13 Troteriana.
14 Exquisita pallida.
15 Sinensis Alba.
16 Exquisita.
17 Beauté de l'Europe.
18 Lateretia alba.
19 Rosea elegantissima.
20 Eulalie Van Geert.
21 » »
22 Maculata rosea.
23 Lord Raglan.
24 La Géante.
25 Graciosa.
26 Rosea punctata.
27 Adelia.
28 Rosalia.
29 »
30 Distinction.
31 Roi des blancs.
32 Président Claye.
33 Etoile de Gand.
34 Docteur Augustin.
35 Atro purpurea.
36 Barbatum.
37 Formosa d'Ivery.
38 Belle Jeannette.
39 Reine des Belges.
40 Duc de Nassau.

Concours N° 8.

1 Reine des Vierges.
2 Murillo.
3 Mme Alphonse Favre.
4 Nigricans.
5 Mme Armand Lesèble.
6 Gloire du petit Bicêtre.
7 Mme Leroy.
8 Voltaire.
9 Napoléon III.
10 Vanhouttii.
11 Mme Lesèble.
12 Cerès.
13 Mme Van Houtte.
14 Adanson.
15 Inimitable.
16 Mme Rœsel.
17 Mme Sueur.
18 Archimède.
19 Nestor.
20 Linné.
21 Fénélon.
22 Mr Lierval.
23 Moïse.
24 Admiration.
25 Berénice.
26 Florian.
27 Victor Emmanuel.
28 Docteur Andri.
29 Mme Lelandais.
30 Petuniflora.

31 Le Cygne.
32 Télémaque.
33 Garibaldi.
34 Docteur Andri
35 Mme Cursier.
36 Toilette de Flore.
37 Octavie Mallet.
38 Enchanteresse.
39 Mirabeau.
40 Endymion.

Concours N° 9.

25 Géranium zonale.

Concours N° 11.

30 CALCÉOLAIRES.

Concours N° 15.

30 VERBENA.

1 Belle Romaine (Lemoinier).
2 Carolina Cavagnini.
3 Carolina Cavagnini.
4 Reine des lilas (Lemoinier).
5 Mme Montigny, Ruitton).
6 Céline (Lemoinier).
7 Marie Wallaert (Lemoinier).
8 Mon caprice (Lemoinier).
9 Sophie Lemoinier (Lemoinier).
10 Marie Scrive (Lemoinier).
11 Vesuvius (Lemoinier).
12 Ambroise Verschaffelt (Lem.)
13 Raymond Lemoinier (Lem.).
14 Elise (Lemoinier).
15 Auguste Lemoinier (Lemoinier).
16 Comtess of Bradfort (W. Bull).
17 Hackeray (W. Bull).
18 Cheerful (W. Bull).
19 Spark (W. Bull).
20 Decorator (W. Bull).
21 Raphaël (W. Bull).
22 Unique (W. Bull).
23 Belladi Torelliniga.
24 Amazone (Aldebert).
25 Advocata Salvodi.
26 Reine des Vierges (Lemoinier.
27 Léonie (Lemoinier).
28 Émilie (Lemoinier).
29 Louise (Lemoinier).
30 Carlo (Lemoinier).

Concours N° 14.

30 PÉTUNIAS.

1 Bleu impérial.
2 Le parfait.
3 Conquette de Magenta.
4 Theseus.
5 Galathée.
6 Impératrice Eugénie.
7 Doris.
8 Cardinal Antonelli.
9 Viridi alba.
10 Griffard.
11 Inimitabilis insignis.
12 Venezuela (Henderson).
13 Marie.
14 Mignonnette.
15 Rosea maculata.
16 Melle Anaïs.
17 Maculata punctata.
18 Marie Louise.
19 Élisa Mathieu.
20 L'élégant
21 Archimède.
22 Malvina Henderson
23 Sidonie.
24 Duc René.
25 Duc de Magenta

26 Atropurpurea.
27 Nivea plena.
28 Distinction.
29 Oriflamme de St.-Louis.
30 Comtesse de Bimard.

Concours N° 16.

30 CINÉRAIRES.

Concours N° 21.

PENSÉES.

Concours N° 25.

30 ACHIMENES, TYDEA, GESNERIA.

1 Gesneria Donkelari.
2 » Purpurea maculata superba.
3 » fascialis.
4 » Superba.
5 Achimenès Ambroise Verschaffelt
6 » François Cardinaux.
7 » Chirita.
8 » Pulchella.
9 » Boeckmannii rubida.
10 » Ignescens.
11 » Boothii.
12 » Carl Wolfarth.
13 » Boothii violacea.
14 » Baumanni grandissima.
15 » Purpurea multiflora.
16 » Tubiflora.
17 » Cerulea.
18 » Dr Hopf.
19 » Coccinea picta.
20 » Dr Hopf.
21 » Carl Wolfarth.
22 » Longiflora latifolia.
23 » Ambroise Verschaffelt.
24 » Fimbriata violacea.
25 » Tubiflora.
26 » Coccinea picta.
27 Tydea amabilis.
28 Tydea »
29 Tydea »
29 Tydea »
30 Gesneria siningia.

Concours N° 25.

30 PLANTES ANNUELLES.

Concours N° 59.

30 BEGONIA.

1 Estrella do Brasil.
2 Caroline von Frefurt.
3 Mine d'argent.
4 Nebulosa.
5 Président van den Hecke.
6 Ch. de Buck.
7 Longipila.
8 Inimitable.
9 Imperialis.
10 Grandis.
11 Griffithii.
12 Giuseppe Terreni.
13 Baron d'Oustinoff.
14 Helenia.
15 Frau professor Hoch.
16 Nigricans.
17 Sambo.
18 Secrétaire Morren.
19 » Hegeljan.
20 Constantinii.
21 Lazuli.
22 Verschaffeltii.
23 C. L. Martsch.
24 Princesse Alice.

25 Dœdalea.
26 Impératrice Eugénie.
27 Princesse Charlotte.
28 Rex Leopardinus.
29 Elise Thomas.
30 Marquis St.-Innocent.

Concours N° 44.

25 CALADIUM.

1 Mirabile.
2 Argyrites.
3 Antiquorum.
4 Schœlleri.
5 Albo punctatissimum.
6 Argyrospilum.
7 Baraquinii.
8 Belleymei.
9 Bicolor.
10 Chantinii.
11 Hœmatostigmum.
12 Hastatum.
13 Houlletti.
14 Neumannii.
15 Perrierii.
16 Pictum.
17 Troubetzkoy
18 Poecile.
19 Schmitzii.
20 Regale.
21 Splendens.
22 Verschaffeltii.
23 Porphyroneum.
24 Canaertii.
25 Wightii.

Concours N° 46.

DEUX SEMIS VERBENA.

DEUX SEMIS ZONALE.

Concours N° 48.

CULTURE PLANTES FLEURIES.

Eriosthemum.
Fuchsia Darck.

Concours N°s 51, 52

LÉGUMES VARIÉS.

Hors Concours.

25 CŒLOSIA CRISTATA.

Raymond LEMOINIER, à Lille.

(Concours N° 25.)

Collection de plantes annuelles.

J. LINDEN, à Bruxelles (Belgique).

(Concours N.os 50, 51, 55, 57, 58, 45)

50e Concours.

Collection de plantes nouvelles.

(Les * indiquent les plantes introduites par l'exposant.)

1 * Amorphophallus papillosus (Para.) 1863.
2 * Caladium mirabile (») »
3 * » Nissoni (») »
4 Catakidozamia Mackayi (Victoria) 1862.
5 * Doryopteris nobilis (Ste-Catherine) »
6 * Ficus Grellei (Philippines) 1862.
7 * Magnolia Columbiana (Colombie) 1863.
8 * Rhopala undulata (Brésil) 1863.
9 * Simaruba grandis (») 1863.
10 * Stadmannia sorbifolia (Brésil) 1862.
11 * Sterculia Llanoi (Philippines) 1863.
12 * Steudnera Colocasiæfolia (Chiapas) 1862.

Collection de plantes nouvelles.

1 Alocasia Lowi, introduit de Bornéo en 1862.
2 * » Zebrina, » des Philippines, 1863.
3 * Phrynium majesticum, du Rio Purus-Amazone supérieure, 1863.
4 * Coccocypselum cupreatum, Guyane, 1863.
5 * Dichorisandra argenteo-marginata, Sainte-Catherine, 1862.
6 * Doryopteris Alcyonis, » 1863.
7 * Drynaria variegata, Philippines, 1863.
8 * Libonia floribunda, Campos de Lages, 1863.
9 * Maranta picturata, Rio Purus, 1863.
10 * Pinanga maculata, Philippines, 1862.
11 Sphaerogyne latifolia, Costa-Rica, 1863.
12 Tapeinotes Caroliniæ, Brésil, 1863.

(Concours N° 51.)

Plantes fleuries nouvelles.

1 * Convallaria graminifolia (Assam), 1863.
2 Tapeinotes Caroliniæ (Bresil), 1863.

(Concours N° 55.)

10 Orchidées.

1 Aerides Fieldingi.
2 » Veitchi.
3 Anguloa Clowesi.
4 Brassia brachyasa.
5 Trichopilia tortilis.
6 Cattleya maxima.
7 Cypripedium barbatum verum.
8 Laelia Leopoldi.
9 Vanda suavis.
10 » Tricolor cinnamomes.

(Concours N° 57.)

25 Fougères.

1 Adiantum Cardiochlaena.
2 » macrophyllum.
3 » chilense.
4 Alsophila australis.
5 » denticulata.
6 » Schiedei.
7 Angiopteris Cooki.
8 Asplenium alatum.
9 » myriophylum.
10 » rachirhizon.
11
12 Cibotium princeps.
13 Cyathea dealbata.
14 Dicksonia squarrosa.
15 Dictyoglossum crinitum.
16 Diplazium elegans.
17 Doryopteris Alcyonis.
18 » nobilis.
19 Lomaria discolor.
20 » fluviatilis.
21 Gleichenia dicarpa.
22 » flabellulata.
23 » microphylla.
24 Neottopteris australasica.
25 Pteris rubra-nervia.

(Concours N° 58.)

Fougère en arbre.

(Concours N° 45.)

15 Aralia.

1 Aralia Cunninghami.
2 » reticulata.
3 » Sieboldti.
4 » (Oreopanax) argentea.
5 » » dactylifolia.
6 » » elegans.
7 » » jatrophaelia.
8 » » lanigera.
9 Aralia (Oreopanax) macrophylla.
10 » » peltata.
11 » » platanifolia.
12 » platanifolia majus.
13 Didymopanax mexicanum.
14 Sciadophyllum pulchrum.
15 » assamicum.

(Hors concours.)

6 Caladium nouveaux.

Léon MAURICE.

(Concours N° 59.)

Collection de Begonia.

1 Alba coccinea.
2 Amæna.
3 Argentea.
4 Argentea splendida.
5 Caroliniæflora.
6 Comte Alfred de Limminghe.
7 Conchifolia.
8 De Jonghe Van Ellemet.
9 Duchesse de Brabant.
10 Dædalea.
11 Ellen Uhder.
12 Filet d'argent.
13 Fuschioides.
14 Frédéric Syesmeyer.
15 Général Daman.
16 Grandis.
17 Hernandiæfolia.
18 Hippolyte Van de Woestine.
19 Impératrice Eugénie.
20 Imperialis.
21 J.-J. de Beucker.
22 Joao da Sylva Carvalho.
23 Leopoldi.
24 Longipila.
25 Lucien Tisserand (Crousse).
26 Macrantha.
27 Madame Céleste Wynaus.
28 » Legrelle d'Hannius.
29 » Thibaut.
30 Manoel da Sylva Bruschi.

31 Margaritacea.
32 Marquis de Saint-Innocent (Van Houtte).
33 Marquis de Saint-Innocent (Crousse).
34 Mine d'argent.
35 Neuberti.
36 Picta.
37 Président Van den Ecken.
38 Princesse Charlotte.
39 Queen Victoria.
40 Reichenticinii.
41 Rey Fernando.
42 Rex.
43 Rex Leopardi.
44 Ricinifolia maculata.
45 Rubro Venia.
46 Sinensis.
47 Smaragdina.
48 Victor Lemoine.
49 50 51 Trois plantes sans noms.

MORTELET, horticulteur, rue des Stations, Lille, section d'Esquermes.

(Concours N° 8.)

Collection de Pelargonium.

Perfection (Mortelet).
Prince Impérial (Mortelet).
Madame Desmet (Mortelet).
Le Vampire (Miellez).
Louise Tessiez (Miellez).
Emile Lebois (Miellez).
Sidonie Descamps.
Docteur Augustin (Miellet).
Le Cygne (Miellez).
Madame Lemoine (Miellez).
Madame Rendatler (Miellez).
Madame Lelandais (Miellez).
Alma (Duval).
William-Bull (Miellez).
Madame Van Houtte (Miellez).
Reine des Vierges (Miellez).
Tamberlick (Miellez).
Arthur Henderson (Miellez).
Napoléon III (Miellez).
Guillaume Seyverins (Miellez).
Pline (Moillet).
L'Avenir (Dubus).
Coquette de Brabant (Mortelet).
Impératrice Eugénie (Duval).
Virgineum (Becks).
Archimède (Mallet).
Vicomtesse de Belleval (Duval).
Gloire de Paris (Dufoy).
Madame Lamoricière (Duval).
Pescatorei (Duval).
Colonel Foissy (Duval).
Perrugino (Miellez).
James Odier (Duval).
Triomphe d'Esquermes (Miellez).
Leda (Miellez).
Roi des feux (Miellez).
Duc de Magenta (Miellez).
Reine Hortense (Mortelet).
Madame Picouline (Miellez).
Noëmi Demay (Miellez).

Louis de SMET, Horticulteur, faubourg de Bruxelles, à Gand (Belgique).

(Concours Nos 28, 30, 31, 32, 41, 46.)

Plantes vivaces, feuilles marbrées, panachées ou striées.

Funkia undulata medio-picta.
Symphytum elegantissimum.
Bambusa Fortuneii fol. vittatis.
Cacalia suaveolens fol. eleg. var.
Chelidonium majus.
Convallaria multiflora fol. eleg. mac.
Funkia univittata.
Hemerocallis kwanso fl. pl. fol. var.
Hypericum aschyron fol. var.
Iris fœtidissima fol. vari.
Euphorbia dulcis fol. arg. var.
Phlox decussata fol. eleg.
Reineckea carnea albo varieg.
Rudbeckia Neumannii fol. eleg. var.
Saxifraga umbrosa fol. arg. var.
Scrophularia nodosa fol. var.
Yucca filamentosa fol. var.
Rhodea macrophylla fol. arg. marg.
Tussilago farfara fol. var.
Farfugium grande.
Carex riparia fol. arg. var.

Plantes remarquables nouvellement introduites.

Cypripedium-Hookerianum (hort. ang.), 1863.
Alocasia Lowii (Low, Borneo), 1863.
» metallica (Bornéo), 1863.
Rhodea elegantissima (Japon), 1863.
Hibiscus tricolor (Australie), 1863.
Schismatoglottis variegata (Borneo), 1863.
Chameranthemum verbenacea (Mexique), 1863.
Osmunda cristata (hort. angl.), 1863.
Lomaria fluviatilis (Nouvelle-Zélande), 1863.
Dracæna Watsonii (Nouvelle-Zélande), 1863.
Echeveria metallica (Mexique), 1863.
Melastoma argyroneura (Brésil), 1863.
Aralia Sieboldii fol. eleg. varieg. (Siebold, Japon), 1862.

Plante fleurie nouvellement introduite.

Hedoroma fuchsioïdes.

Plantes non fleuries nouvellement introduites.

Ligularia Kœmpferi argent. varieg. (Japon), 1863.
Hibiscus tricolor (Australie), 1863.

Arbustes de pleine terre, feuilles marbrées, panachées ou striées.

Tilia pendula fol. var.
Buxus arbuscula aures.
Abies Frazerii fol. var.
Taxus baccata eleg. varieg.
Eleagnus reflexa fol. eleg. var.
Evonymus japonicus eleg. pict.
Hedera canariensis maculata major.
» heterophylla eleg. var.
Hibiscus syrianus fol. eleg. var.
Weigelia amabilis elegantissimus.
Quercus nigra.
Pavia rubicunda fol. eleg. var.
Liriodendron tulipiferum fol var.
Acer negundo fol. arg. var.
Rhamnus serrata fol. eleg. var.
Ilex pendula fol. arg. var.
Aucuba japonica latimaculata.

Lilium, semis 1863.

(Hors concours.)

20 Azalea indica, semis 1863.

SOCIÉTÉ D'AGRICULTURE, à Douai.

(Hors Concours.)

2 AUCUBA. — 1 ARALIA.

TRIPIER-JONGLEZ, a Lomme (Nord).

(Concours N° 5,18)

Collection d'Azalea indica.

1 Adellia.
2 *Idem.*
3 Optima.
4 Alfordii.

5 Leopold.
6 Alba delicatissima.
7 Albertonia.
8 2 Burlingtoni.
9 Smithi macrantum.
10 Glestanesii.
11 Césarine Souchet.
12 Etendard de Flandre.
13 Atroviolacea.
14 Javeriana.
15 Troteriana.
16 Toilette de Flore.
17 Barbata.
18 Parkensoni.
19 Magnifica.
20 2 prince Albert.
21 Nivea plena.
22 Chancellerii.
23 2 Cœrulescens.
24 Dafsonii.
25 Modèle.
26 Princesse Adelaïde de Nassau
27 Coccinea plena.
28 Variegata.
29 Lady Hortense.
30 Etoile de Gand.

Plantes ornementales.

1 Pandanus utilis.
2 Strelitzia Reginæ.
3 Yucca Parmenterii.
4 Caladium esculentum.
5 Agave filifera.
6 Ravenala madagascariensis.
7 Musa sinensis.
8 Palmier Carludovica.
9 Pincenectitia glauca.
10 Dracena indivisa.

VAN DEN BOSSCHE, amateur-fleuriste, rue Haute, à Gand (Belgique).

(Concours N° 46, 48.)

Amaryllis Jeanne-d'Arc.

Medinilla magnifica.

(Hors concours.)

Collection d'Amaryllis.

Corbeilles, Suspensions, Bouquets.

VAN DEN HECKE DE LEMBEKE, président de la Société royale d'agriculture et de botanique de Gand (Belgique).

(Concours Nos 34, 37, 40, 45, 46, 48.)

Concours N° 34.

Orchidée

Catleya Mossiæ.

Concours N° 37.

Collection de 25 Fougères.

Pteris nemoralis fol. var.
» nobilis.
» cretica fol. var.
» argyrea.
Adiantum pubescens.
» capillus veneris.
Hemitelia capensis.
Dictyoglossum crinitum.
Asplenium furcatum.
» rachirrinum.
Brainea insignis.
Pteris serrulata.
Polypodium effusum.
Lomaria l'Herminieria.
» nuda.
Litobrochia nobilis.
Adiantum cuneatum.
Pycnopteris Sieboldii.
Polystichum vestitum venustum.
Diplazium Shepherdi.
Asplenium Belangeri.
Cibotium culcita.
Alsophila australis.
Todea hymeno-phylloïdes.
Lastræa spinescens.

Concours N° 40.

Collection de plantes à feuillage marbré, panaché, strié, etc.

Cyperus alternifol. fol. var.
Tillandsia bivittata.
» splendens.
» caravellana.
Tillandsia zonata fol. bruneis.
Eranthemum leuconeurum.
Aphelandra Leopoldi.
Maranta zonale.

Maranta variegata.
» orbifolia.
Dracæna versicolor
» nobilis.
Musa zebrina.
Croton pictum.
» variegatum
Caladium pictum.
Pavetta borbonica.
Maranta fasciata.
» Warscewiezii.
Rhodea japonica macrophylla, fol. marg.
Bilbergia Leopoldi.
Coleus Verschaffeltii pectinatus.
Cissus porphyrophyllus.
Anthurium leuconeurum.
Franciscea confertifolia, fol. var.
Campylobotris Ghiesbregtii.
Chirita sinense, fol. var
Cyanophyllum magnificum.
Maranta micans.
» Jagoriana
» regalis.
» zebrina.
» argyrea.
Hoya picta.
Pteris argyrea.
Begonia imperialis.
Globba nutans, fol. var.
Maranta sanguinea.
Mikanea speciosa.

Concours N° 45.

Collection de 15 Lycopodiacées.

Brasiliense.
Flexuosum.
Viticulosum.
Umbrosum.
Martensi compacta
Elongata.
Apoda.
Stoloniferum.
Cæsia.
Cæsia arborea.
Africanum.
Variabilis.
Sp. Nova.
Lyallii.
Sp. nov. Manille.

Concours N° 46.

Plante obtenue de semis.

Begonia semis.

Concours N° 48.

Belle culture.

Azalea indica Rosalia.

Séraphin VAN DEN HEEDE, horticulteur, route de Roubaix, à Saint-Maurice-lez-Lille.

(Concours N° 2.)

1 Agave filifera.
2 Agave Millerii folio variegata.
3 Allamanda Neriifolia, en fleurs.
4 Araucaria excelsa, très-fort.
5 Ardisia crenulata fructu albo.
6 Ardisia crenulata fructu rubro.
7 Arisæma Sieboldii, en fleurs.
8 Artocarpus imperialis, très-fort.
9 Aspidium proliferum, fort.
10 Astrapæa Wallichii, très fort.
11 Ataccia cristata, en fleurs.
12 Azalea Rosalia, fort, en fleurs.
13 Beaucarnea glauca.
14 Begonia grandis, fort.
14 bis. Begonia imperialis.
15 Caladium bicolor, fort.
16 » Chantinii, fort.
17 » Houlletii, fort.
18 » metallicum, fort.
19 Chamerops stauracantha.
20 Citrus aurantium, en fleurs.
21 Clivia miniata, en fleurs.
22 Clivia nobilis, en fleurs.
23 Clematis lanuginosa pallida, en fleurs.
24 Cobæa scandens, fol. var., fort.
25 Coleus Verschaffeltii, très fort.
26 Crinum Americanum, en fleurs.
27 Colocasia macrorhiza, fol., var. nouveau.
28 Cycas revoluta, fort.
29 Cyperus alternifolius, fol. var., fort.
30 Datura arborea imperialis flo. pl., en fleurs.
31 Dracæna Australis, fort.
32 Dracæna ferrea.
33 Dracæna indivisa, fort.
34 Ferdinanda eminens, très-fort.
35 Fuchsia Dominiana, en fleurs, fort.
36 Gardenia florida Fortuneana, fl. pl., en fleurs.
37 Geranium zonale..... fort, en fleurs.
38 Gloxinia duch. de Brabant, en fleurs.
39 » demi » en fl.
40 Grevillea longifolia, en fleurs, très-fort.
41 Hebeclinium atrorubens, en fl.
42 Hebeclidium megalophyllum.
43 Kalmia latifolia, specimen en fl.
44 Latania borbonica.
45 Libocedrus chilensis, specimen.
46 Lunaria annua, fol. var., en fl.
47 Maranta zebrina.
48 Metrosideros semperflorens, tr.-fort, en fleurs.
49 Mitraria coccinea, en fleurs.
50 Musa sinensis, très-fort.
51 Nidularium splendens, en fleurs.
52 Pandanus javanicus, fol. var.
53 Pandanus utilis.
54 Pandanus candelabrum
55 Pelargonium Napoléon III, en fleurs.
56 Pelargonium Virgineum, en fl.
57 Petunia Erlinde, en fleurs.

58 Philodendron pertusum, fort, en fleurs.
59 Pimelea decussata, en fleurs.
60 id. rubra, fort, en fleurs.
61 Pinus palustris, fort.
62 Pinus louricata.
63 Pteris argyræa, fort.
64 Rhododendron concessum.
65 Rhododendron, duc de Brabant (les deux, fort, en fleurs.)
66 Thuya aurea, fort.
67 Tremandra verticillata, en fleurs
68 Yucca aloefolia variegata, fort.

VAN DEN OUWELANT, à Laeken (près Bruxelles).

(Hors concours).

Araucaria Bidiwilliana.

A. VAN GEERT, horticulteur, faubourg d'Anvers, à Gand (Belgique).

(Concours Nos 30, 32, 38, 39, 48).

(Concours N° 30.)

Ilex grandis variegata, hort. angl.
Mahonia japonica *vera*, Japon (Von Siebold).
Elaeagnus japonica foliis elegantissi. variegatis (Fortune), Japon.
Aralia Standishii (Nouvelle-Zélande).
Pteris memoralis variegata (hort. anglicus).
Primula sinensis atrorosea (hort. anglicus).
Ligularia Kaempherii foliis argenteis marginatis (Japon).
Lonicera brachypoda aurea reticulata (Japon).
Dicksonia squarrosa (Nouvelle Zélande).
Freycinetia Banksii (Nouvelle-Zélande).
Coleus rubra nova (Java).
Rubus Australis (Nouvelle-Zélande).

(Concours N° 52.)

Araucaria pendula (Australie, 1863).

(Concours N° 39.)

Collection de 30 Begonia.

(Concours N° 38.)

Alsophylla excelsa.

(Concours N° 48.)

Erica mutabilis.

Louis VAN HOUTTE, horticulteur à Gand (Belgique).

(Concours Nos 3, 18, 30, 40.)

1 Acer polymorphum dissectum roseum.
2 Alocasia Lowi.
3 » Van Houttei.
4 » Zebrina.
5 Alsophila glauca (*contaminans*).
6 Aralia Saunders.
7 Aucuba japonica (type).
8 » » bicolor.
9 » » foliis aureo-marginatis.
10 Bambusa Fortunei.
11 Colocasia Van Houttei.
12 Dracœna terminalis stricta.
13 Evonymus radicans fol. arg. marg.
14 Evonymus foliis roseo-marg.
15 Ligularia Kæmpferi foliis arg. varieg.
16 Litobrochia Alcyonis.
17 » nobilis
18 Musa vittata.
19 Retinospora leptoclada.
20 » obtusa
21 » pisifera.
22 Rhapis flabelliformis fol. aur. vittatis.
23 Rhodea japonica fol. aureo-univittato.
24 Theophrasta attenuata.
25 » crassipes.

4 cadres de près d'un mètre en tous sens représentant des planches de la Flore.

AMBROISE VERSCHAFFELT, horticulteur, rue du Chaume, à Gand (Belgique).

(Concours Nos 30, 32, 34, 36, 38, 46).

30e Concours.

12 Plantes nouvellement introduites.

Dieffenbachia Verschaffeltii (Brésil), introduit par l'exposant, 1863.
Pinenga maculata, (Porte-Philippines), 1862.
Rhodea japonica, maculata (Japon), 1863.
Sedum Sieboldii medio variegatum (Japon), 1863.
Calamus Impératrice Marie (Porte-Philippines), 1863.
Alocasia zebrina (Porte-Philippines), 1863.
Aucuba japonica picta, fœmina, (Japon), 1862.
Dracœna stricta. (Ind. or.) Hort. angl., 1862.
Caladium duc de Nassau (Brésil), introduit par l'exposant, 1863.
Elœagnus pungens aureo marginata (Japon), 1862.
Maranta Van Den Heckei (Brésil), introduit par l'exposant, 1863.
Aralia Sieboldii foliis reticulatis (Japon), 1863.

(30e Concours),

(DEUXIÈME COLLECTION).

Anthurium leuconeurum (Mexique), introduit par l'exposant, 1862.
Ligularia Kœmpferii (Japon), Hort. Angl., 1863.
Ficus Grellii (Porte), Philippines, 1863.
Aucuba japonica bicolor (Japon), 1863.
Caladium mirabile (Brésil), introduit par l'exposant, 1863.
Dioscorea argyrea (Mexique), » 1863.
Caladium Lowii (Alocasia), illust. hort. Bomea, 1863.
Hechtia Ghiesbreghtii (Mexique), introduit par l'exposant, 1863.
Œnocarpus dealbatus (Brésil), » 1862.
Agave Verschaffeltii (Mexique), » 1862.
Cyathea Smithii, Nelle Zélande, 1862.
Ligustrum japonicum fol. aureo macul (Japon), 1663.

52e Concours.

Plantes nouvelles non-fleuries.

Eranthemum Verschaffeltii (Brésil), introduit par l'exposant, 1863.
Ficus Porteana (Iles Philippines), 1863.

54e Concours.

Orchidée de Culture.

56e Concours.

15 Palmiers.

Latania borbonica.
Ceroxylon andicola.
Caryota urens.
Zalacca assamica
Liristona Jenkensii.
Seaforthia robusta.
Oreodoxa Sanchona.
Areca Verschaffeltii.
Stephensonia grandifolia.
Wallichia caryotoïdes.
Chamœrops Martiana.
Latania Verschaffeltii.
Ceroxylon niveum.
Chamœrops Ghiesbreghtii.
Thrinax grandis.

(58e Concours).

Fougère en arbre.

Alsophila australis.

(46e Concours).

Plante de Semis.

Diplacus — semis.

Jean VERSCHAFFELT, Horticulteur, rue de la Caverne, à Gand (Belgique).

(Concours Nos 17, 52, 46.)

Concours N° 17.

1 Agave filifera.
2 » Virginica.
3 » (Ghiesbreghtia) dentata.
4 » species ? (Mexique).

5 » xalapensis.
6 » xylymacantha.
7 » univittata.
8 Cordyline indivisa.
9 Bonapartea Stricta.
10 » gracilis.
11 Dracœna lineata.
12 » indivisa.
13 » umbraculifera.
14 Pincenectitia tuberculata (Beaucarnea recurvata).
15 » glauca.
16 Raulinia pitcairniœfolia.
17 Yucca aloëfolia variegata.
18 » quadricolor.
19 » californica.
20 » plicata.

Concours N.° 32.

1 Echeveria agavoïdes (Mexique) 1862.
2 Sedum Sieboldii, medio luteo (Japon) 1863.

Concours N° 46.

1 Azalea indica, souvenir du Prince Albert, semis (Gand) nouveauté pour 1863.
2 Pelargonium triomphe de Gand, semis 1863.

Hors Concours

10 Agave et Yucca nouveaux.

1 Agave Verschaffeltii (Mexique) 1862.
2 » Ghiesbreghtii (Mexique) 1862.
3 » coccinea (Mexique) 1862.
4 » xalapensis (Mexique) 1862.
5 » longifolia medio lutea, hort. 1863.
6 » Ousselghemiana, hort. (Gand) 1863.
7 » filifera viridifolia (Mexique) 1862.
8 » Species ? mirador 1862
9 Yucca concava, hort. angl. 1862.
10 » picta, hort. gall. 1863.

Hors concours.

Collection de 25 Pelargonium de Semis.

BOUQUETS, LÉGUMES, INSTRUMENTS.

BARBEZAT et Cie, 10, rue Neuve-Ménilmontant, à Paris, représentés par Mme veuve PAURIS et FILS.

(Concours N° 54.)

Corbeille antique.
Vases Médicis.
Coupes ornées, feuillages, médaillons.
Vasques, fontaines.
Enfant au canard.
» caïman.
» à la rame.
» à l'urne.
» aux deux urnes.
Enfants sur triton.
» égyptiens.
Statues Hyppomène.
» Atalante.
» Diane de Gabies.
» L'Eté
» L'Eau.
» L'Air.
Vendangeurs.
Bancs divers.

LIVIN BRUGGE, horticulteur-menuisier à Wondelgem, près Gand (Belgique).

(Concours N° 54.)

Couvertures d'été pour serres.

DONVEZ, lampiste à Valenciennes, rue du Boudinet, N° 8.

(Concours N° 54.)

Jet d'eau mobile pour serres, jardins et appartements.

FOURDRINOY, pépiniériste à Amiens, quai de la Somme, 4.

(Concours N° 54.)

Collection de plantes pour reboisement de parcs (190 sujets), **et fruitiers pour pâtures et avenues** (10 sujets).

Le tout en vases et paniers.

GRASSIN-BALEDANS, brévété pour les produits en fer élégi, à Arras et à Paris, 52, boulevard de la Reine-Hortense.

(Concours N° 54.)

Grilles, clôtures, corbeilles, ustensiles divers de jardinage.

LESAGE-LEUILLETTE, à Lille, Pont-de-Comines, 34 bis.

(Concours N_o 54.)

Pompes d'arrosement.

Mlle. Marie LEYS, rue de la Chaux, Gand (Belgique).

(Concours N° 54.)

Bouquets.

P. LOYRE, architecte, paysagiste, dessinateur de jardins, fabricant de bacs coniques, à Paris, rue du Faubourg-Saint-Honoré, N° 233.

(Concours N° 54.)

Plans de parcs de MM. à Lille :

Alfred Descamps, à la Planche-à-Quesnoy.

Achille Wallaert, à la Madeleine.
Eugène Verstraete, à Lomme.
Boutry Van Isseisteyn, à Turmignies.
Descamps-Crespel, à Fives.
Groulois, Pont-de-Canteleu.

Photographies des plans et des vues de l'exposition universelle d'horticulture de 1855, aux Champs Elysées, à Paris.

Plan du parc de M. le duc de Morny, à Naddes (Allier).

Plan du parc de M. le baron James de Rothschild, à Boulogne-sur-Seine.

Projet pour le même, à Ferrières.

Plan du parc de M. le baron Léon Lequay, à Serceaux, près Alençon

Bacs coniques (caisses rondes) pour la culture des orangers, lauriers et toutes les plantes de serre chaude et tempérée.

RAGOT, rue de la Grande-Chaussée, à Lille

(Concours N° 34.)

Statues en porcelaine.

REVEL, peintre-vitrier à Albert (Somme).

(Concours N° 34.)

Cloches de jardinage en verre.

TURLAT François, propriétaire-cultivateur à Courcelles Sous-Chatenois (Vosges).

(Concours N° 34.)

34 variétés de pommes de terre.

PROCÈS-VERBAL

DES OPÉRATIONS DU JURY.

Séance du jeudi 11 juin 1863

Présidence de M. le comte de Kerchove, bourgmestre de Gand.

Secrétaire, M. Barillet-Descamps, de Paris.

La séance est ouverte à une heure.

L'appel nominal des Jurés constate la présence de

MM.

J. Calot, de Douai;
Delemotte, de Tournai;
Henri Demay, d'Arras;
Le vicomte de Forceville, d'Amiens;
Foulon, de Douai;
Grodée, de Lille, Président de la Commission;
J. Linden, de Bruxelles;
Léon Maurice, de Douai;
D'Offoy, de Mérelessart (Somme);
Rougier-Chauvière, de Paris;
Van den Ouvelant, de Laeken;
Auguste Van Geert, de Gand;
Louis Van Houtte, de Gand;
Ambroise Verschaffelt, de Gand.

Un programme du Concours est remis à chacun des Membres du Jury.

Après examen des objets exposés, le Jury s'arrête aux décisions suivantes :

Concours N° 1. — Deux Exposants.

1re médaille : M. Lemoinier, de Lille.
2e médaille : M.me Lemoinier.

Concours N° 2. — Deux Exposants.

1re médaille : M. Séraphin Van den Hende (à l'unanimité).
2e médaille : M. Delobel-Dupont, à Loos.

Concours N° 3. — Deux Exposants.

1re médaille : M. Lemoinier.
2e médaille :

Concours N° 4. — Pas de concurrents.

Concours N° 5. — Deux Exposants.

Médaille unique : M. Lemoinier.

Concours N° 6. — Un Exposant.

1re médaille de vermeil : Mme Lemoinier.
2e médaille d'argent : M. Tripier-Jonglez.

Concours N° 7. — Pas de concurrents.

Concours N° 8. — Quatre Exposants.

1re médaille : M. Amand Aldebert.
2e médaille : M. Mortelet.

Concours N° 9. — Trois Exposants.

1re médaille : M. Lemoinier.
2e médaille : M. Delobel-Dupont.

Concours N° 10. — Un Exposant.

2e médaille : M. Amand Aldebert.

Concours N° 11. — Trois Exposants.

1re médaille : M. Lemoinier, de Lille.
2e médaille : M. Amédée, jardinier chez M. Wallaert.

Concours N° 12. — Deux Exposants.

2e médaille : M. Delobel-Dupont.

Concours N° 13. — Trois Exposants.

1re médaille : M. Lemoinier.
2e médaille : M. Amand Aldebert.

Concours N° 14. — Trois Exposants.

1re médaille : M. Amand Aldebert.
2e médaille : M. Delobel-Dupont.

Concours N° 15. — Un Exposant.

Médaille. Pas de prix.

Concours N° 16. — Un Exposant.

Mention honorable : M. Lemoinier.

Concours N° 17. — Deux Exposants.

1re médaille grand module : M. Jean Verschaffelt, de Gand.
Mention honorable : M. Delobel-Dupont.

Concours N° 18. — Quatre Exposants.

3e prix : M. Tripier-Jonglez.

Concours N° 19. — Pas de concurrents.

Concours N° 20. — Un Exposant.

Médaille unique grand module : M. Calot, de Douai.

Concours N° 21. — Quatre Exposants.

Médaille unique 3e module : M. Amand Aldebert.

Concours N° 22. — Pas d'exposants.

Concours N° 23. — Deux Exposants.

2e médaille 3e module : M. Lemoinier.

Concours N° 24. — Pas de concurrents.

Concours N° 25. — Deux Exposants.

1re médaille : M. Auguste Lemoinier.
2e médaille : M. Raymond Lemoinier.

Concours N° 26. — Un Exposant.

Médaille. Pas décernée.

Concours N° 27. — Pas de concurrents.

Concours N° 28. — Deux Exposants.

1re médaille : M. L. de Smet, de Gand.
2e médaille :

Concours N° 29. — Pas de concurrents.

Concours N° 30. — Cinq Exposants.

1re médaille de vermeil : M. Ambroise Verschaffelt, de Gand.
2e médaille d'argent grand module : M. Linden, de Bruxelles.
3e médaille d'argent 2e module : M. Ambroise Verschaffelt.

Concours N° 31. — Deux Exposants.

Médaille unique 3e module : M. Linden, de Bruxelles.

Concours N° 32. — Cinq Exposants.

Médaille unique grand module : M. L. de Smet, de Gand.

Concours N° 33. — Un Exposant.

Médaille de vermeil : M. Linden, de Bruxelles.

Concours N° 34. — Deux Exposants.

Médaille unique de vermeil : M. Linden, de Bruxelles.

Concours N° 35. — Deux Exposants.

1re médaille : Pas décernée.
2e médaille : Id.

Concours N° 36. — Un Exposant.

Médaille de vermeil : M. Ambroise Verschaffelt, de Gand.

Concours N° 37. — Quatre Exposants.

1re médaille d'argent gr. module : M. Linden, de Bruxelles.
2e médaille d'argent 2e module : M. J.-B. Dubus.

Concours N° 38. — Trois Exposants.

1re médaille d'argent gr. module : M. Ambroise Verschaffelt de Gand.
2e médaille : M. Auguste Van Geert, de Gand.

Concours N° 39. — Quatre Exposants.

1re médaille : M. Auguste Lemoinier.
2e médaille : M. Léon Maurice.
3e médaille : M. Delobel Dupont.

Concours N° 40. — Trois Exposants.

1re médaille : M. Vandenhecke de Lambecke, de Gand.
2e médaille : M. Delobel-Dupont.

Concours N° 41. — Deux Exposants.

1re médaille : M. L. de Smet, de Gand.
2e médaille :

Concours N° 42. — Deux Exposants.

1re médaille 2e module : M. J.-B. Dubus.
2e médaille 3e module : M. Ch. Debuck, de Gand.

Concours N° 43. — Un Exposant.

Médaille 2e module : M. Linden, de Bruxelles.

Concours N° 44. — Un Exposant.

Médaille : M. Lemoinier.

Concours N° 45. — Deux Exposants.

1re médaille : M. Jean-Baptiste Dubus.
2e médaille : M. Van den Hecke, de Gand.

Concours N° 46. — Sept Exposants.

1re médaille :
2e médaille :
3e médaille :
4e médaille :

Concours N° 47. — Pas de concurrents.

Concours N° 48. — Six Exposants.

1re médaille : M. Van den Bossche, de Gand.
2e medaille : *Ex æquo* MM. Dabus et Lemoinier.

Concours N° 49. — Un Exposant.

Médaille unique.

Concours N° 50. — Un Exposant.

Mention honorable : M. Dupont-Fontaine, à La Madeleine Lez-Lille.

Concours N° 51. — Quatre Exposants.

1re médaille : M. Lemoinier.
2e médaille : M. Ambroise Verschaffelt, de Gand.

Concours N° 52. — Trois Exposants

1re médaille : M. Lemoinier.
2e médaille :
3e médaille : M. Lemoinier.

Concours N° 53. — Pas de concurrents.

Concours N° 55.

2e médaille argent 2e module : Mlle Leys, de Gand.
3e médaille argent 3e module : Mme Delevoye, de Lille.

OBJETS IMPRÉVUS ET HORS CONCOURS.

M. Delerue, d'Ascq, médaille d'argent 2e module.

M. Calot, de Douai, médaille d'argent pour semis de pivoines.

M. Van den Bossche, de Gand, médaille 2e module pour 22 amaryllis.

Médaille d'argent 3e classe, pour un araucaria Bidwillee, M. Van den Ouvelant, président de la Société d'horticulture de Laeken.

Médaille de 1re classe pour 10 agaves nouveaux, M. Jean Verschaffelt, de Gand.

Nouveautés du Japon à feuilles panachées ; deux médailles d'argent 2e module à MM. Alexis Dallière et L. de Smet.

Nouveautés variées de M. Van Houtte, de Gand, médaille en vermeil.

M. Alexis Dallière, de Gand, médaille d'argent pour un araucaria imbricata gigantesque.

Médaille 3e module, M. Delobel, pour arbustes variés.

Médaille d'argent 3e module, M. Loise, de Paris, pour renoncules.

Fleurs de pensées, coupées, de M. Weth, de Béthune.

Suspensions, 2e module 1er prix, M. Delobel-Dupont.

2e prix argent, 3e module, M. Séraphin Van den Hende.

Médaille d'argent grand module, MM. O'Reilly et Dormois, pour une serre hollandaise.

Mention honorable, M. Lemoinier, pour ses celosia cristata.

Médaille d'argent 2e module, M. Grassin-Bailledan, à Arras, pour ses fers élégis.

Médaille d'argent 2e module, M. Loyre, pour ses plans de jardins.

Médaille d'argent : M. Van Houtte, pour cinq cadres.

Vases et objets d'art en fonte : M. Barbezat.

Tavernier, de La Madeleine, jet d'eau portatif.

Bagot, de Lille, statues en porcelaine.

Lille-Imp. L. Danel.

www.ingramcontent.com/pod-product-compliance
Ingram Content Group UK Ltd.
Pitfield, Milton Keynes, MK11 3LW, UK
UKHW022136260726
13993UKWH00003B/1474

9 782329 270388